SOUS-INTENDANT MILITAIRE PITOIS

SITUATION ÉCONOMIQUE

ACTUELLE

DE L'ALGÉRIE

PARIS
HENRI CHARLES-LAVAUZELLE
Éditeur militaire
11, PLACE SAINT-ANDRÉ-DES-ARTS, 11

(Même maison à Limoges.)

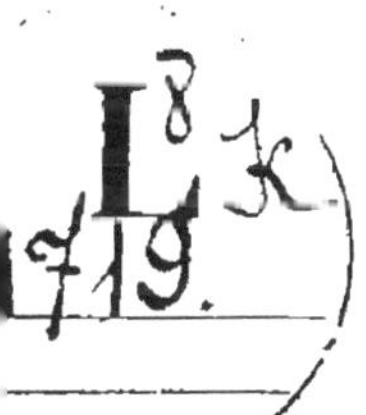

SITUATION ÉCONOMIQUE ACTUELLE

DE L'ALGÉRIE

SOUS-INTENDANT MILITAIRE PITOIS

SITUATION ÉCONOMIQUE ACTUELLE DE L'ALGÉRIE

PARIS
HENRI CHARLES-LAVAUZELLE
Éditeur militaire
11, PLACE SAINT-ANDRÉ-DES-ARTS, 11

(Même maison à Limoges.)

SITUATION ÉCONOMIQUE ACTUELLE
DE L'ALGÉRIE

Je n'ai pas la prétention, après un court séjour en Algérie, d'apporter des idées personnelles sur la situation économique de notre grande colonie. Mon but est simplement d'exposer, aussi brièvement que possible, en puisant mes renseignements aux sources les plus autorisées et les plus récentes, ce qu'est actuellement l'Algérie au triple point de vue de l'agriculture, de l'industrie et du commerce. On se rendra compte ainsi, facilement, de l'importance acquise entre nos mains par l'Algérie après une occupation de soixante ans; et par les progrès accomplis depuis l'affermissement de la domination française, on pourra juger de l'avenir qui attend notre colonie et du rôle qu'elle est appelée à jouer dans le monde.

Agriculture.

L'Algérie est une contrée fertile qui se prête facilement aux exploitations agricoles. Son sol est composé en grande partie d'argile et de calcaire, et les couches d'eau retenues par ce terrain permettent aux végétaux de croître et de se développer. Les terrains d'alluvion y sont abondants et présentent parfois des épaisseurs considérables. De plus, la variété des altitudes que l'on rencontre dans le pays a pour conséquence une variété correspondante dans les productions du sol.

Sous la domination romaine — il est superflu de le

rappeler — l'Algérie était le grenier de Rome, et l'on vit à diverses reprises les compétiteurs, dans leur lutte pour le pouvoir suprême, jeter leurs légions sur le rivage méridional de la Méditerranée, afin de s'emparer des riches moissons africaines et d'affamer à leur gré la population de la capitale. Cette prospérité agricole fut compromise par la domination arabe et disparut totalement avec la domination turque.

Quand les Français débarquèrent en Afrique, ils ignoraient cette décadence. Encore pleins des souvenirs classiques, ils ne pouvaient se douter des changements profonds que l'existence sociale et politique des indigènes, leurs coutumes et leurs mœurs, avaient apportés dans le pays. L'Algérie était mal cultivée : les possesseurs de la terre lui avaient beaucoup demandé, beaucoup pris et rien rendu. Nos premiers colons cultivèrent au hasard, aussi beaucoup de leurs essais furent-ils malheureux. L'expérience a corrigé les fautes du début, et l'on sait aujourd'hui ce que demande et ce que peut donner la terre africaine.

L'Algérie est, avant tout, un pays de production agricole. Sur les 200 millions de francs de marchandises qu'elle exporte annuellement, les produits du sol figurent pour 156 millions, soit plus des trois quarts. On peut donc dire, à bon droit, que c'est du sol que l'Algérie tire presque toute sa richesse. Les céréales constituent la principale production de l'Algérie ; l'étendue qui leur est consacrée atteint aujourd'hui 2.800.000 hectares. Après une période d'accroissement rapide qui a duré de 1863 à 1876, cette étendue reste à peu près stationnaire maintenant, et la moyenne annuelle de la surface cultivée en céréales semble désormais devoir osciller autour de ce chiffre. Mais ce qui n'est pas demeuré invariable depuis une dizaine d'années, c'est la répartition de cette surface entre l'élément indigène et l'élément européen. La culture européenne a pris une importance croissante, et les méthodes qu'elle amène avec elle ont peu à peu modifié la production du sol. Une culture européenne se reconnaît vite à l'absence de toute végétation parasite, au soin avec lequel elle est tenue, à ses sillons creusés profonds et tracés droits. La statistique confirme cette appréciation, car, à mesure que la propriété européenne s'étend, la production moyenne de l'hectare planté en céréales va s'élevant. Le rendement, dans ce laps de temps de dix ans environ, est passé de 4 quintaux métriques et demi à 6 quintaux métriques, c'est-à-dire qu'il s'est élevé de plus d'un quart. Les indigènes ont continué à s'en tenir à peu près exclusivement à l'orge et au blé dur, céréales qu'ils cultivaient avant la conquête, et auxquelles s'ajoutent, dans une faible proportion, le maïs et le sorgho. Les colons y ont ajouté le blé tendre, le seigle et l'avoine; mais on peut dire d'une manière générale que l'Algérie reste la terre par excellence de l'orge et du blé dur.

Un indice de progrès plus remarquable peut-être que le développement de la culture européenne, c'est la stabilité relative des récoltes. Les oscillations si fortes qui se produisaient jusqu'en 1880 ont à peu près disparu, ou du moins se sont considérablement atténuées. Malgré la sécheresse, les limites entre lesquelles se maintient la récolte annuelle se resserrent de plus en plus, et les conditions climatériques les plus défavorables n'en font fléchir le chiffre total que dans des limites heureusement très restreintes. De 20 millions de quintaux métriques dans les années excellentes, la récolte ne descend guère au-dessous de 13 à 14 millions dans les années les plus désastreuses. Le cultivateur, moins pauvre qu'autrefois, n'est plus réduit, après une année mauvaise, à laisser sa terre en friche faute de grains pour l'ensemencer; il laboure plus profond et met sa semence mieux à l'abri de la sécheresse; il se défend mieux contre les fléaux naturels. Les années de disette semblent avoir disparu pour toujours, et la prospérité agricole de l'Algérie possède une première base solide dans la culture des céréales.

Il est probable qu'on en pourra dire autant, dans quelques années, de l'élevage des bestiaux, qui semble entrer à son tour dans la voie du progrès. De tout temps les bestiaux, les moutons surtout, ont été une des richesses de l'indigène; mais le manque de débouchés, le défaut de voies de communication entre l'intérieur et le littoral rendaient cette richesse des plus aléatoires, sans même parler des périodes de sécheresse prolongée qui décimaient les troupeaux et les faisaient fatalement périr sans aucun profit pour personne. Aujourd'hui, le propriétaire du bétail a la ressource de l'amener par nos routes jusqu'aux ports d'embarquement, où il le vend ordinairement à un prix suffisant. Aussi le bétail algérien va-t-il se développant notablement. La moyenne des trois dernières années s'élève à 18 millions de têtes, dont 700.000 aux Européens. L'élevage rencontre en Algérie des conditions qui sont surtout favorables en ce qui concerne la race ovine : la région des Hauts-Plateaux fournit à cet égard un champ d'exploitation qui pourrait suffire à la consommation totale de la métropole. L'Algérie pourrait nourrir au moins 40 millions de moutons; la France continentale y trouverait très largement, le jour où elle le voudrait, les quantités pour lesquelles elle envoie aujourd'hui son argent à l'étranger.

Actuellement l'Algérie n'exporte encore qu'environ un million de ces animaux. Sans doute, les moutons algériens ne représentent pas ce qu'il y a de mieux comme choix, et les conditions dans lesquelles les indigènes pratiquent l'élevage ne sont pas faites pour fournir des produits de qualité supérieure ; de plus, les voyages de longue durée que l'on fait faire aux troupeaux sur les grandes routes pour arriver au port d'embarquement amoindrissent encore cette qualité. Mais les conditions de l'élevage pourraient être, sans grosses difficultés, transformées par un aménagement moins imparfait des lieux où les troupeaux s'abreuvent dans les Hauts-Plateaux, et par quelques soins qui amélioreraient les zones de pâturage. C'est surtout l'intervention des Européens dans l'élevage du mouton qui déterminera vite toutes les conditions meilleures que le consommateur réclame; cette intervention est appelée à devenir active le jour où l'Européen sera assuré de plus larges débouchés et de meilleurs moyens de transport. C'est là, sans nul doute, un avenir d'une richesse considérable pour la colonie et pour la métropole.

La constitution du vignoble algérien est une œuvre essentiellement européenne et principalement française. En 1878, il ne s'étendait que sur 17,000 hectares produisant 330,000 hectolitres de vin; en dix ans il a envahi une surface huit fois plus grande et ses jeunes ceps donnent dix fois plus de vin. Si le phylloxéra, malheureusement, a ruiné plus des quatre cinquièmes du vignoble de la région de Philippeville et menace d'en ruiner le reste; si ce fléau commence également à sévir sur quelques points isolés de la province d'Oran, il faudrait, paraît-il, en attribuer la faute aux manquements qui s'y sont produits dans l'observation des règles de préservation appliquées sur les points contaminés. Partout ailleurs ces règles semblent avoir produit des résultats satisfaisants : aucun danger sérieux n'apparaît, ni sur les lieux où des taches avaient été découvertes, ni dans les environs.

Le vignoble de la province d'Alger est jusqu'ici demeuré presque complètement indemne.

On ne possède pas d'évaluation rigoureusement exacte de la production agricole de l'Algérie.

D'après les renseignements puisés aux meilleures sources, on pourrait estimer à environ 800 millions de francs la valeur des produits que la terre d'Algérie fournit, chaque année, à ceux qui la cultivent.

Il n'est peut-être pas sans intérêt de résumer, dans une énumération succincte, l'importance approximative des principaux produits agricoles.

On verra ainsi que ces 800 millions se décomposent en :

500 millions pour les céréales,
60 millions pour les fourrages,
60 millions pour le prix de vente des bestiaux (environ un million de moutons et 50,000 bœufs),
55 millions pour le vin,
50 millions pour les fruits,
25 millions pour les légumes,
22 millions pour les oliviers,
10 millions pour l'alfa,
8 millions pour le liège,
8 millions pour le tabac,
et 2 millions pour le chanvre et le lin.

Si l'on veut un terme de comparaison pour se représenter la productivité agricole de l'Algérie, il faut comparer le produit annuel de la colonie, soit 800 millions, au chiffre qui représente la production agricole de la France continentale, soit 11 milliards. On verra ainsi que dans ce pays, où les sept huitièmes de la population se composent d'indigènes, hier encore dans une condition barbare, l'habitant moyen représente, pour la productivité agricole, les deux tiers d'un Français. Et comme le colon européen possède les 9/10e du matériel agricole, qu'il tire de la terre 8 quintaux de céréales là où l'indigène n'en tire pas 5, on peut dire à coup sûr que le colon produit sensiblement plus qu'un cultivateur français. Il ne le doit sans doute pas à son énergie seule, mais surtout à la fertilité de la terre et à l'étendue considérable de ses propriétés (près de 6 hectares par unité de population agricole, contre 2 seulement en France); et ce simple fait suffirait, par son éloquence, à nous donner une idée assez haute de l'importance agricole acquise par l'Algérie entre nos mains. L'emploi des engrais, d'ailleurs, en amenant un rendement plus élevé, ne fera qu'augmenter cette importance ; et la découverte de ces gisements de phosphates, dont les conditions d'exploitation passionnent tant l'opinion publique à l'heure actuelle, va peut-être constituer le commencement d'une ère nouvelle et une source de prospérité pour l'agriculture algérienne.

A l'étude de l'agriculture se rattache étroitement celle des eaux. Les travaux d'hydraulique sont en effet, pour l'aménagement du sol, une nécessité de premier ordre. Le sol de la colonie, d'une fertilité parfois remarquable lorsque l'eau vient seconder le soleil, laisse beaucoup à désirer au point de vue des qualités productives quand cette double action fait défaut. Or, le régime des eaux, qui paraît avoir été meilleur au temps de la domination romaine, est aujourd'hui profondément irrégulier en Algérie.

Les pluies, tombant en abondance pendant l'hiver sur les pentes dénudées, roulent sans obstacles en entraînant les terres avec elles et s'écoulent en torrents troubles vers la mer, à moins qu'elles ne s'amassent en marais pestilentiels au voisinage du littoral ; le reste de l'année, sauf dans quelques rares régions privilégiées telles que les environs de Tlemcen, l'eau manque à peu près partout. Le débit des fleuves offre les variations les plus extraordinaires : la Macta, le plus régulier de tous, roule 800 mètres cubes à la seconde dans ses crues et n'en a plus que 2 dans la saison sèche ; le Chélif varie de 1 mètre cube à 1.450 ; la Seybouse, de 150 litres à 1.000 mètres cubes. Tant que le régime des eaux n'aura pas été corrigé par l'opération très longue et très coûteuse du reboisement, il sera nécessaire d'avoir des barrages destinés à emmagasiner les eaux nécessaires à la culture.

L'expérience semble avoir condamné le système des grands barrages, qui sont très coûteux, s'envasent avec rapidité, et peuvent parfois, grâce aux pressions énormes qu'ils subissent et aux eaux dont les masses profondes fouillent les assises, se rompre et dévaster dans un cataclysme les campagnes qu'ils devraient fertiliser. On aurait intérêt, semble-t-il, à construire des ouvrages plus modestes. Les indigènes, avec des barrages primitifs en clayonnage et terre mélangée, ont depuis longtemps, et presque sans concours de notre part, réussi à assurer l'irrigation de plus de 50,000 hectares ; nos ingénieurs trouveraient peut-être profit à méditer cet exemple.

Il y aurait lieu également, semble-t-il, de répéter et peut-être de généraliser l'expérience qui a été faite dans la région de Tlemcen et qui paraît y avoir parfaitement réussi. La commune de Lalla-Maghrnia a utilisé une nappe d'eau souterraine au moyen d'une trentaine de puits creusés à une profondeur qui, pour beaucoup, dépasse 10 mètres et atteint même jusqu'à 25 mètres. Les puits les plus profonds ont été entourés de margelles et pourvus d'abreuvoirs, de treuils, de cordes et de seaux. Sur une quinzaine d'autres, on a placé des norias très simples, du modèle de celles en usage chez les Arabes du Maroc. Cela a suffi pour transformer une situation que de fréquentes sécheresses rendaient désastreuse pour les populations indigènes, et la région environnante s'est trouvée largement pourvue de toute l'eau nécessaire à l'alimentation des habitants et à l'irrigation des cultures.

Un autre genre de travaux qui seraient très féconds en résultats, c'est la création de vastes abreuvoirs sur les Hauts-Plateaux. Cette région offre, pendant une grande partie de l'année, des pâturages analogues à ceux de l'Australie ou de la Crau d'Arles ; et la seule cause qui limite le nombre de têtes de bétail que les indigènes y font vivre, c'est la rareté des points d'eau, ou cuvettes naturelles où les pluies s'amassent et se conservent jusqu'à ce que le soleil les ait vaporisées. Dans bien des cas, il suffirait de garnir d'une légère maçonnerie certains bas-fonds et de conduire l'eau par quelques tubes en poterie à des abreuvoirs où les troupeaux la boiraient sans l'infecter et sans la piétiner; on aurait ainsi des provisions de liquide permettant aux troupeaux le séjour dans des pâturages que le manque d'eau seul rend inaccessibles aujourd'hui. On a calculé qu'il serait facile, avec une faible dépense, de quintupler les troupeaux des Hauts-Plateaux.

Industrie.

La production industrielle de l'Algérie a été, de tout temps, très faible. Ce n'est pas que les matières premières manquent; des mines exploitées ou susceptibles de l'être pourraient sans doute les fournir dans des conditions qui appellent l'attention au triple point de vue de la quantité, de la variété et même de la qualité. Mais les conditions climatériques, la nécessité de se procurer le combustible au dehors, l'absence d'une population ouvrière spéciale, l'insuffisance enfin de débouchés dans le pays même ont jusqu'ici opposé de sérieuses difficultes à l'installation sur place d'usines destinées à traiter les minerais.

Quelques industries sont néanmoins à citer en Algérie. Parmi les industries indigènes, celles qui concernent les objets d'habillement — vêtements proprement dits et chaussures — ont une certaine importance: elles sont plus particulièrement localisées dans quelques anciennes villes arabes: Alger, Constantine, Mascara et Tlemcen; elles suivent un développement en rapport avec le mouvement de la population et avec le bien-être de celle-ci. Cependant la fabrication des burnous et celle des tapis, autrefois assez florissantes, subissent un ralentissement marqué par suite des imitations qui se font de ces articles dans la métropole, notamment à Nîmes. Les tapis de haute laine que l'on fabrique dans la région des Hauts-

Plateaux sont encore très recherchés, malgré cette concurrence.

Les tanneries et pelleteries de Constantine et de Tlemcen ont conservé une grande activité. La profession de maître-cordonnier, comme celle de sellier, y est considérée comme des plus honorables, et elle est exercée par les indigènes les plus riches. Les ouvrages en cuir (couvertures de selle, porte-monnaie) et les broderies continuent à occuper beaucoup de bras, principalement dans les mêmes villes. L'industrie des bijoux, du damasquinage des armes, des poteries et des travaux sur bois, qu'on trouve dans certaines tribus de la Kabylie, est curieuse et intéressante, mais elle n'a qu'une importance très-réduite au point de vue de la production. La fabrication des fusils en Kabylie, à Mostaganem et à Saïda, celle des pistolets à Biskra et celle des couteaux à Bou-Saâda sont également à citer.

Les Européens ont pratiqué pendant un certain temps, avec succès, certaines industries concernant la fabrication des boissons, sirops et liqueurs, et surtout l'industrie de la brasserie. Mais l'existence de ces industries s'est trouvée gravement compromise le jour où les produits fabriqués en Algérie ont été soumis aux mêmes taxes d'octroi de mer que les produits similaires importés du continent.

L'industrie de la distillation des vins a assez rapidement prospéré, en raison des bas prix de la matière première. Une usine importante, située aux environs d'Alger, fabrique l'alcool avec le maïs, le riz, le dari, les mélasses importées d'Egypte. Depuis longtemps la fabrication des essences pour parfums a été pratiquée sur divers points, et se fait, notamment, en grand, à Boufarik, à Staouéli et à Bône.

Les minoteries et les fabriques de pâtes alimentaires ont été parmi les premières industries connues en Algérie.

Une mention spéciale est à faire, à cause surtout de la

particularité du sujet, d'une verrerie qui est en cours d'installation à Marceau, près de Cherchell. Une carrière presque inépuisable fournit un sable siliceux remarquablement propre à la fabrication du verre. Près de Bougie, une usine importante exploite des carrières très riches et fabrique de la chaux hydraulique. L'exploitation déjà ancienne des plâtres de Rovigo, près d'Alger, mérite également d'être citée.

L'industrie du liège, limitée encore à de simples proportions, peut se développer largement, alimentée par des forêts remarquables comme superficie et comme qualité des produits. On y trouverait, entre autres avantages, celui de propager chez les populations indigènes, voisines des forêts de chêne liège, l'habitude d'un travail professionnel, en même temps que les intérêts ainsi éveillés chez elles deviendraient d'un secours précieux pour écarter les dangers d'incendie et assurer la conservation des forêts.

Les moulins à huile kabyles ont, de temps immémorial, employé la matière première que leur fournissent les oliviers si répandus dans toute la région. Ils produisent une huile grossière dont la consommation indigène se contente. Des moulins construits à l'européenne et dirigés par des Européens existent déjà en assez grand nombre. Cette industrie des huiles peut se développer rapidement et arriver, si l'on veut, à supplanter les importations de l'étranger sur le marché français. Il pourrait en être de même de tous les objets manufacturés pour lesquels l'alfa, si abondant en Algérie, fournit la matière première, actuellement presque monopolisée par les Anglais.

Les lacs salés du Tell, les chotts des Hauts-Plateaux donnent lieu à une exploitation qu'augmentent encore de véritables montagnes de sel entre Djelfa et Laghouat et dans la région de l'Aurès. Le sel est l'objet d'un commerce important avec les populations du Sud.

On a découvert en Algérie des réserves considérables de phosphate de chaux. L'acide phosphorique est le grand agent de la nature vivante : où il fait défaut, il n'y a ni végétation, ni vie animale. La culture épuisante des céréales depuis des siècles a ruiné peu à peu le sol de tous les pays d'Europe, en le dépouillant graduellement de son acide phosphorique. Les couches suessonniennes de la province de Constantine, principalement dans le district de Morsott-Tébessa, renferment des quantités immenses de ce précieux phosphate, appelé à régénérer le sol de la vieille Europe. Peut-être convient-il, cependant, de se garder à ce sujet d'un optimisme exagéré, et de ne pas s'illusionner au point de voir dans ces phosphates une richesse nationale, qui soit pour la France ce que la houille a été pour l'Angleterre. Mais il semble légitime d'espérer que l'Algérie peut, pour une longue période, extraire et vendre plusieurs centaines de mille tonnes par an, et augmenter d'autant les deux millions de tonnes qui constituent le trafic total annuel des phosphates naturels dans le monde.

Je dois enfin citer, parmi les richesses naturelles exploitées ou susceptibles de l'être, les carrières de marbre, et surtout celles du Filfila, qui gisent à quelques kilomètres à peine de Philippeville. La mer est au pied même de la carrière ; les embarcations peuvent charger facilement les plus lourds blocs et les transporter à peu de frais dans ce beau port. Le gisement est évalué à 20 millions de mètres cubes, et la mission envoyée il y a quelques années par le ministre des beaux-arts pour examiner les carrières du Filfila n'a pas hésité à affirmer que ses produits peuvent soutenir la concurrence avec les marbres italiens, et que, pour les marbres blancs notamment, l'exploitation pourrait subvenir avec un avantage réel sur toutes les autres exploitations en activité, aux besoins de l'architecture, de la marbrerie et même de la statuaire. Peut-être apprendronsnous prochainement que des capitaux français ont permis de donner un nouvel essor à une entreprise trop tôt abandonnée.

Voies de communication. — Commerce.

C'est le réseau des voies de communication, routes et chemins de fer, qui a contribué le plus à développer la prospérité de l'Algérie. Quand, il y a soixante ans, les premiers colons commencèrent à cultiver la Mitidja, aucune route n'était tracée. Les chariots, traînés par des bœufs, suivaient de mauvaises pistes ; il n'existait pas de ponts. A chaque rivière, à chaque ravin, on déchargeait la voiture, qui passait d'abord à vide ; les hommes transportaient ensuite d'une rive à l'autre les sacs de blé sur leur dos : de Blida à Alger, le voyage durait quatre jours.

Les routes nationales de l'Algérie atteignent aujourd'hui une longueur d'environ 3.000 kilomètres. La région qu'elles desservent, en exceptant les voies de pénétration dans le désert, comprend le Tell et la moitié des Hauts-Plateaux : à superficie égale, le réseau algérien est quatre à cinq fois moins serré que celui de la France. En y regardant de plus près, on verrait même que sur ces 3.000 kilomètres, il y a 420 kilomètres de lacunes et 180 kilomètres de route tracée mais non empierrée ; il ne reste que 2.400 kilomètres de routes à l'état d'entretien. D'après les ingénieurs, les besoins de la colonie seraient de 9.000 kilomètres, mais un pays aussi nouf que l'Algérie ne peut encore posséder tout son réseau de circulation. L'entretien de ces routes est très-onéreux ; la circulation y est fort active ; en outre, à certaines époques, il s'y déverse un million de moutons et plus de cinquante mille bœufs que les tarifs élevés éloignent presque tous des chemins de fer, et qui encombrent et défoncent les voies de terre. Les matériaux d'empierrement coûtent cher et s'usent vite par l'effet du climat et de la circulation, et l'on a calculé que la dépense d'entretien, par kilomètre et par an, est presque égale au double du chiffre moyen constaté dans la France continentale. Et, ce qui jusqu'à un certain point peut paraître inexplicable, même dans ces conditions onéreuses l'entretien des routes est loin d'être satisfaisant; les routes en mauvais état sont deux fois plus nombreuses en Algérie qu'en France.

Le réseau des chemins de fer algériens, jusqu'en 1877, était resté stationnaire à une longueur totale de 513 kilomètres, représentant uniquement les lignes exploitées par la Compagnie Paris-Lyon-Méditerranée, d'abord d'Alger à Oran (426 kilomètres) et ensuite de Philippeville à Constantine (87 kilomètres). Depuis lors, il a presque sextuplé d'étendue, comprenant aujourd'hui près de 2.900 kilomètres et la recette totale quadruplait dans le même espace de temps. Un semblable résultat, au premier abord, paraîtrait devoir satisfaire à la fois la colonie qui s'est vu doter assez rapidement d'un réseau important, et la mère-patrie dont les efforts étaient évidemment couronnés de succès. Or il n'en est rien; la métropole se plaint du prix de revient exagéré du réseau, et la colonie réclame avec véhémence contre une exploitation dont les tarifs lui semblent exorbitants, et qu'elle accuse d'aboutir, par son insuffisance et sa lenteur, à de véritables crises de transport. Ces reproches paraissent fondés sur des faits et des chiffres incontestables.

Si l'on prend comme point de comparaison — ce qui est parfaitement permis au point de vue du trafic — non pas le réseau d'intérêt général, mais le réseau d'intérêt local français, en laissant de côté par conséquent les grandes artères qui ne peuvent à aucun point de vue être comparées au réseau algérien, on voit que le prix de revient du kilomètre de voie ferrée, en Algérie, atteint, comme dépense de premier établissement, la somme de 200.000 francs, tandis que le premier établissement du réseau d'intérêt local français n'a coûté que 110.000 francs par kilomètre. Le réseau algérien, à développement égal, revient donc presque au double du réseau d'intérêt local français. Cette énorme dépense de capitaux, jointe à la faiblesse du trafic, a fait que le réseau algérien impose au Trésor, pour la garantie d'intérêts qui lui a été consentie, des charges vraiment exorbitantes, dépassant notablement la somme annuelle de 20 millions de francs. On a calculé que l'Etat contribue aux recettes des compagnies algériennes pour une somme annuelle presque égale au montant du trafic lui-même. Et cependant le voyageur et l'expéditeur, si fortement secourus par l'Etat — puisque celui-ci paie environ 0 fr. 90 chaque fois que celui-là verse 1 franc — n'en paient pas moins d'un prix très élevé les services que leur rendent les chemins de fer. Les tarifs de transport des voyageurs en Algérie sont supérieurs d'un tiers aux tarifs français ; quant au transport des marchandises, il coûte plus du double.

Pour être entièrement équitable, il faut reconnaître que sur plusieurs points, notamment en ce qui regarde la cherté du premier établissement, la cherté de l'exploitation et l'insuffisance du service à certains moments, la responsabilité des compagnies est hors de cause. La construction des voies ferrées de l'Algérie a été entreprise sans que l'on connût encore complètement la structure géologique du sol et le régime des eaux ; de là, dans le tracé de la voie, des tâtonnements souvent coûteux dont il serait facile d'indiquer des exemples. D'autres causes concourent au coût élevé de la voie : l'action des hautes températures et le travail moléculaire qui en résulte font que les traverses en bois, qui en France durent de 15 à 20 ans, ne dépassent guère 8 ans en Algérie ; ces mêmes causes abrègent également la durée des rails. Les machines elles-mêmes subissent l'action d'eaux beaucoup plus chargées de matières salines qu'en France et s'usent plus vite. La main-d'œuvre européenne, à égalité de prix, ne rend, sous un climat plus difficile, que les deux tiers de ce qu'elle rend en France; et la main-d'œuvre indigène, beaucoup moins productive, n'offre d'économie qu'en apparence. D'autre part, comme tout le matériel vient de France, le prix en est majoré du montant des frêts.

En ce qui regarde les crises de transports, il faut considérer qu'en Algérie le régime du trafic ressemble beaucoup à celui des rivières : maigre pendant huit ou dix mois, il devient torrentiel après la récolte. De là, pour l'exploitation, un problème difficile à résoudre : si le personnel est organisé en vue du trafic d'hiver, il sera insuffisant pour le trafic d'été; si c'est en vue du trafic d'été, il coûtera très cher et l'exploitation sera plus onéreuse encore.

La production agricole, la circulation sur les voies de terre et de fer sont, sans contredit, des indices très importants de l'activité économique d'un pays. Mais on admet généralement que les chiffres du commerce extérieur représentent cette même activité d'une manière plus complète; ce principe est vrai surtout dans le cas qui nous occupe, c'est-à-dire dans le cas d'un pays neuf et pauvre en industries, se trouvant par suite dans la nécessité de beaucoup importer pour créer son outillage et pourvoir aux besoins autres que ceux de l'alimentation et de beaucoup exporter pour payer ses dettes d'établissement.

Jusqu'en 1850, l'Algérie fut traitée, au point de vue commercial, comme un pays étranger. Après divers tâtonnements, qui n'ont d'ailleurs pas encore pris fin à l'heure actuelle, on est arrivé à placer l'Algérie sous un régime qui constitue, dans une certaine mesure, un régime de faveur au point de vue fiscal. Cette exemption de divers droits, outre qu'elle a pour but principal d'encourager la colonisation, se justifie dans une large mesure par la nécessité de ménager la richesse publique encore imparfaitement assise en Algérie. Toutefois, il semble que l'on s'achemine, peut-être un peu hâtivement, vers l'assimilation complète et définitive de l'Algérie à la métropole. Cette assimilation sera légitime lorsque la colonie sera arrivée à un état de prospérité suffisante pour qu'elle puisse compter sur elle-même pour subvenir aux progrès de ses besoins ; lorsque, en un mot, l'Algérie sera devenue un pays adulte, pourvu d'un outillage complet et n'ayant plus, sous ce rapport, qu'à pourvoir à des frais d'entretien.

La progression du commerce extérieur de l'Algérie a été très sensible jusqu'en 1880. L'ensemble des importations et des exportations se maintient, depuis cette époque, à peu près stationnaire et oscille, chaque année, entre 400 et 500 millions de francs. Les transactions entre la France et la colonie représentent de beaucoup la plus forte partie de ces sommes, et le mouvement d'échanges tend de plus en plus à se monopoliser à notre profit.

Les importations subissent des oscillations assez faibles et tendent, avec le temps, à se restreindre ; ce n'est pas que les besoins de l'Algérie décroissent, c'est simplement qu'elle est de plus en plus en mesure de satisfaire elle-même à certains d'entre eux.

L'exportation, en revanche, s'accroît d'une façon à peu près constante, si l'on veut bien faire abstraction de la crise passagère que subit la colonie depuis quelques années, et qui a eu pour effet de restreindre assez sensiblement les exportations, surtout celles des vins et de l'alfa. L'exportation, après avoir atteint et même dépassé le chiffre de l'importation en 1889, lui redevient inférieur depuis 1890, mais les deux chiffres sont voisins l'un de l'autre.

Cette progression du commerce de l'Algérie peut être comparée, sans trop de désavantage, à celle du commerce de la France continentale. Le Français moyen exporte ou importe 210 francs par an, et l'habitant de l'Algérie (indigènes compris), 130 francs seulement; mais c'est déjà un fait bien digne d'attention, qu'une population dont les sept huitièmes sont encore voisins de la vie barbare, soit arrivée à un pouvoir commercial égal aux deux tiers environ de celui de la France.

Les relations commerciales et le développement des échanges entre l'Algérie et la métropole offrent déjà à notre colonie un débouché précieux. Mais on doit considérer que l'Algérie est la porte par laquelle les produits de notre agriculture et de notre industrie peuvent pénétrer dans la partie septentrionale du centre de l'Afrique, et aussi dans le Maroc.

En l'état actuel, les relations commerciales de l'Algérie avec le Sahara ou le Soudan sont, pour ainsi dire, insignifiantes. En raison des droits de douane et d'octroi de mer qui frappent, à leur entrée en Algérie, les marchandises d'origine européenne consommées par les populations de l'extrême Sud, ces dernières trouvent à s'approvisionner à meilleur compte en Tunisie, en Tripolitaine, et même dans les oasis du Touat.

Une commission spéciale, présidée par M. le général de division de la Roque, s'est imposé comme mission de rechercher les moyens propres à assurer le développement de ces relations. Cette commission a reconnu que, pour arriver avec le plus de certitude à faire revivre le courant commercial qui a existé autrefois entre l'Algérie et le Soudan à travers le Sahara, il faudrait dégrever des droits d'octroi de mer et de douane les marchandises importées d'Europe par les ports d'Algérie et destinées à être réexportées dans le Sud. Ces marchandises, après consignation des droits dans un port de la colonie, seraient dirigées sur le point par lequel elles doivent sortir ; et au vu de la constatation de la sortie par un agent de l'Etat, les droits seraient remboursés par le bureau même qui aurait fait la recette provisoire. Les localités par lesquelles s'effectuerait la sortie seraient les suivantes : El Oued et Tougourt pour la province de Constantine, Ghardaïa et El Goléa pour celle d'Alger, Géryville et Aïn Sefra pour celle d'Oran.

Cette question, par les débouchés qu'elle peut ouvrir au commerce et à l'industrie de la métropole et de l'Algérie, présente une importance capitale, et il y a lieu d'espérer que sa solution sera poursuivie par les pouvoirs publics avec toute l'attention et la sollicitude qu'elle mérite.

Peut-être n'est-il pas inutile de dire ici quelques mots du projet de chemin de fer transsaharien, cette œuvre gigantesque qui, si elle est jamais exécutée, modifiera non seulement les conditions économiques de l'Algérie, mais encore celles du commerce général de l'humanité.

On sait que le Soudan est l'immense contrée que traverse le Niger et que baigne le lac Tchad. Ce vaste pays, coupé en deux parties égales par le méridien de Paris, aussi étendu et aussi fertile que l'Hindoustan, est habité par des races noires particulièrement aptes au dur labeur de l'agriculture dans les pays chauds. On évalue leur nombre, d'après les calculs les plus modérés, à 35 ou 40 millions d'habitants. Le Soudan présente des ressources de tout genre : c'est un splendide marché à exploiter. Pourtant, jusqu'à l'heure actuelle, il est resté fermé et pour ainsi dire impénétrable, car il est isolé de toutes parts : au nord par la terrible barrière du Sahara ; à l'est et à l'ouest par des pays fort éloignés de la mer et qui, par conséquent, n'entrent qu'avec peine en relations avec l'Europe ; au sud, enfin, par des côtes malsaines, bordées de marais pestilentiels et peuplées par des tribus inhospitalières. La nature a donc fermé ce vaste et riche pays de tous les côtés ; mais à défaut de voies naturelles on peut en créer d'artificielles. La question change alors de face, et la France est appelée à jouer un rôle prépondérant dans la solution de ce problème économique. De quoi s'agit-il en effet? De frayer une route pour atteindre le Niger près de Tombouctou d'un côté, et de l'autre pour aborder les rives du lac Tchad, au cœur même des royaumes soudaniens. Trois têtes de ligne semblent indiquées : la Tripolitaine, l'Algérie, le Sénégal.

La ligne de Tripoli ne nous appartient pas, et il est peu probable que les Italiens, malgré leurs convoitises, aient jamais les moyens de l'exécuter ; mais l'Algérie et le Sénégal sont à notre disposition. Il semble probable que l'on arrivera par le Sénégal au Soudan avec plus de rapidité et de sécurité ; mais la marche sur le Soudan par l'Algérie a de nombreux partisans.

Le grand obtacle est la traversée du Sahara ; il ne semble toutefois pas impossible de franchir cette barrière qui sépare les Etats barbaresques des fertiles régions de l'intérieur.

Le Sahara n'est pas, comme on se l'imagine trop communément, un océan de sable absolument inhabité, privé de toute végétation et manquant complètement d'eau. L'eau ne manque pas au Sahara : les puits échelonnés à plus ou moins d'intervalles sur toutes les routes de commerce le prouvent suffisamment. Jadis ces puits étaient plus nombreux que de nos jours ; s'ils ont disparu, cela tient à l'incurie des Sahariens et aussi à leur habitude invétérée de les combler pour se garantir des invasions ; mais il ne serait pas impossible de les creuser de nouveau, et l'existence de ceux qui ont été conservés prouve la présence d'une eau abondante qui coule sous les sables à des profondeurs variables. Le Sahara n'est donc pas un obstacle infranchissable dans notre marche sur le Soudan. Le vrai danger viendrait plutôt des habitants : qu'ils appartiennent à la race autochtone ou qu'ils soient d'origine arabe, les Sahariens nous ont jusqu'à présent opposé et nous opposeront certainement encore bien des difficultés. Ce sont eux, et eux seuls, qui ont fait échouer toutes les explorations tentées par la France.

Le Sahara fut franchi dans l'antiquité, puisque Carthage recevait les produits du Soudan ; il le fut au moyen âge, comme le prouve l'antique prospérité de Tlemcen, d'Ouargla et d'El Goléa.

Il peut encore l'être; tel est l'avis des explorateurs qui depuis vingt-cinq ans se sont dévoués à cette idée, et si ces hardis pionniers n'ont pas encore réussi, ils frayent la route et d'autres achèveront ce qui a été si bien commencé.

Ce n'est point par la conquête brutale que nous réussirons à planter notre drapeau dans le Sahara : c'est uniquement par la civilisation. Les puits artésiens nous ont déjà valu de solides et précieuses amitiés ; le transsaharien ferait le reste et permettrait d'achever l'œuvre ébauchée par nos explorateurs.

Les objections que l'on fait à la construction de ce chemin de fer — hostilité des Touaregs, grande chaleur, ensablement de la voie et manque d'eau — ne semblent pas invincibles, et rien ne prouve *à priori* que ce projet gigantesque doive être à jamais rangé dans la catégorie des utopies.

Que pouvons-nous conclure de ce rapide coup d'œil jeté sur la situation économique de l'Algérie ?

C'est d'abord que les dépenses faites par la métropole ne semblent pas avoir été inutiles, puisque, après soixante ans d'occupation seulement, la vitalité économique de la colonie peut, à certains points de vue, soutenir la comparaison sans trop de désavantage avec celle de la mère-patrie.

Une colonie d'un demi-million d'habitants a pu s'installer et prospérer, au milieu d'une race belliqueuse et fanatique, en moins d'années qu'il n'en a fallu au peuple le plus colonisateur du monde pour créer, sur un continent où nul ne lui disputait la terre, un établissement égal en développement. Dans cette colonie, la supériorité économique et sociale est assurée sans conteste à l'élément français, tandis que l'élément européen étranger se laisse insensiblement acheminer vers l'assimilation.

La race vaincue, résignée progressivement à notre domination, se déshabitue peu à peu des insurrections en même temps qu'elle s'attache au sol et fait à notre exemple ses premiers progrès dans l'art agricole.

Il se peut que les bénéfices retirés de l'Algérie par nos négociants qui lui vendent 200 millions de marchandises par an, par nos capitalistes qui y trouvent un loyer élevé de leur argent, par nos armateurs qui lui doivent plus de la moitié du frêt de leurs navires; il se peut que ces avantages ne représentent pas encore les intérêts et l'amortissement des quatre milliards que le pays a sacrifiés pour sa colonie. Mais si l'on réfléchit qu'il y a en Algérie un quart de million de Français qui vivent, qui s'établissent et qui constituent pour eux ou pour leurs fils un vaste et riche domaine, et si enfin l'on veut bien admettre que l'influence morale et civilisatrice d'un grand pays ne se résume pas uniquement en un bilan commercial, tous ceux qui se préoccupent de conserver à notre race, à notre langue, à notre génie national une place suffisante sur le globe, jugeront certainement que l'œuvre accomplie par la France en Algérie n'est pas hors de proportion avec les sacrifices qu'elle lui a coûtés.

Paris et Limoges. — Imp. milit. Henri Charles-Lavauzelle.

Librairie militaire Henri CHARLES-LAVAUZELLE

Paris, 11, Place Saint-André-des-Arts.

Etude sommaire des campagnes d'un siècle, par le capitaine Ch. ROMAGNY, ex-professeur adjoint de tactique et d'histoire à l'Ecole militaire d'infanterie. — Campagne de **1792-1803**, 1 volume (4 cartes). — **1800**, 1 volume (4 cartes). — **1805**, 1 volume (2 cartes). — **1813**, 1 volume (4 cartes). — **1814**, 1 volume (1 carte). — **1815**, 1 volume (1 carte). — **Crimée**, 1 volume (3 cartes). — **1859**, 1 volume (1 carte). — **1866**, 1 volume (4 cartes). — **1877-78**, 1 volume (3 cartes). — 10 vol. in-32, brochés, l'un. » 50; reliés toile anglaise.......................... » 75

Memento chronologique de l'histoire militaire de la France, à l'usage des sous-officiers candidats aux Ecoles militaires de Saint-Maixent, Saumur, Versailles et Vincennes, par le capitaine Ch. ROMAGNY, ex-professeur adjoint de tactique et d'histoire à l'Ecole militaire d'infanterie. — Volume in-18 de 316 pages, broché.......................... 4 »

Précis historique des campagnes modernes. Ouvrage accompagné de 36 cartes du théâtre des opérations, à l'usage de MM. les candidats aux diverses écoles militaires. — Volume in-18 de 224 pages, broché..... 3 50

Souvenirs de guerre (1870-1871), par le colonel Henri de PONCHALON (honoré d'une souscription des ministères de la guerre, de la marine et des colonies). — Volume in-18 de 306 pages, broché.................. 3 50

Le siège de Lille en 1792, par Désiré LACROIX. Ouvrage accompagné d'un plan pour suivre les phases du bombardement de la place (2e édition). — Brochure in-18 de 32 pages.......................... » 75

Sans armée (1870-1871), Souvenirs d'un capitaine, par le commandant KANAPPE. — Volume in-18 de 336 pages, broché.................. 3 50

Lang-Son, combats, retraite et négociations, par le commandant breveté LECOMTE. — Volume grand in-8o de 560 pages, broché, imprimé sur beau papier, illustré de 51 magnifiques gravures, têtes de chapitre, culs-de-lampe, vignettes, accompagné d'un atlas contenant 19 cartes et 3 planches.. 20 »

Le Tonkin français contemporain, études, observations, impressions et souvenirs, par le docteur Edmond COURTOIS, médecin-major de l'armée, ex-médecin en chef de l'ambulance de Kep; ouvrage accompagné de trois cartes en chromolithographie. — Vol. in-8o de 412 pages............ 7 50

Guide de Madagascar, par le lieutenant de vaisseau COLSON. — Volume in-18 de 220 pages, accompagné de la carte de Madagascar au 1/4.000.000e, des itinéraires de Tamatave à Tananarive, de Majunga à Tananarive, du plan de Tananarive et d'un croquis indicatif des cyclones de l'Océan Indien. 3 50

Madagascar et les moyens de la conquérir. Etude politique et militaire, par le colonel ORTUS, de l'infanterie de marine. — Volume in-18 de 228 pages avec une carte au 1/4.000.000.......................... 3 50

Petit Dictionnaire français-malgache, précédé des principes de grammaire hova et des phrases et expressions usuelles, par Paul SARDA, d'après les grammaires des Pères missionnaires Weber, Ailloud, de la Vaissière, de MM. Marin de Marre et Froger. — Vol. in-32 de 226 p., relié toile. . 2 50

Campagne du Dahomey (1892-1894), précédée d'une étude géographique et historique sur ce pays et suivie de la carte au 1/500.000 établie au bureau topographique de l'état-major du corps expéditionnaire par ordre de M. le général Dodds, par Jules POIRIER, avec une préface de M. Henri Lavertujon, député. — Vol. grand in-8o de 372 p., avec couverture en couleurs... 7 50

L'Expédition du Dahomey en 1890, avec un aperçu géographique et historique du pays, sept cartes ou croquis des opérations militaires et de nombreuses annexes contenant le texte des conventions, traités, arrangements, cessions, échanges de dépêches et télégrammes auxquels a donné lieu l'expédition, par Victor NICOLAS, capitaine d'infanterie de marine, officier d'académie (2e édition). — Volume in-8o de 152 pages........ 3 »

Le catalogue général de la Librairie militaire est envoyé gratuitement à toute personne qui en fait la demande à l'éditeur Henri CHARLES-LAVAUZELLE.

www.ingramcontent.com/pod-product-compliance
Ingram Content Group UK Ltd.
Pitfield, Milton Keynes, MK11 3LW, UK
UKHW020537230726
13925UKWH00005B/2339